珍爱自然 呵护古树

交城卧牛古城

交城山交城水丛书（二）

交城珍稀古树

中共交城县委
交城县人民政府

山西出版集团
山西人民出版社

《交城珍稀古树》编委会

华国锋：（1921-2008）1921年2月16日出生于山西省交城县，原名苏铸，因革命工作需要改名为华国锋。

1938年6月参加革命工作，同年10月加入中国共产党。在抗日战争、解放战争中和中华人民共和国成立后，历任交城县抗联主任，中共交城县委书记，晋绥八地委组织部副部长，阳曲县委书记，晋中一地委宣传部部长；中共湖南省湘阴县县委书记，湘潭县委书记，湘潭专署专员，湘潭地委副书记、书记；中共湖南省委文教部部长、统战部部长，副省长，省委书记处书记，省委第一书记，省军区第一政治委员、党委第一书记；中华人民共和国国务院业务组副组长，广州军区政治委员、党委书记，国务院副总理兼公安部部长，国务院代总理，中共中央第一副主席，国务院总理，中共中央主席，中央军委主席。

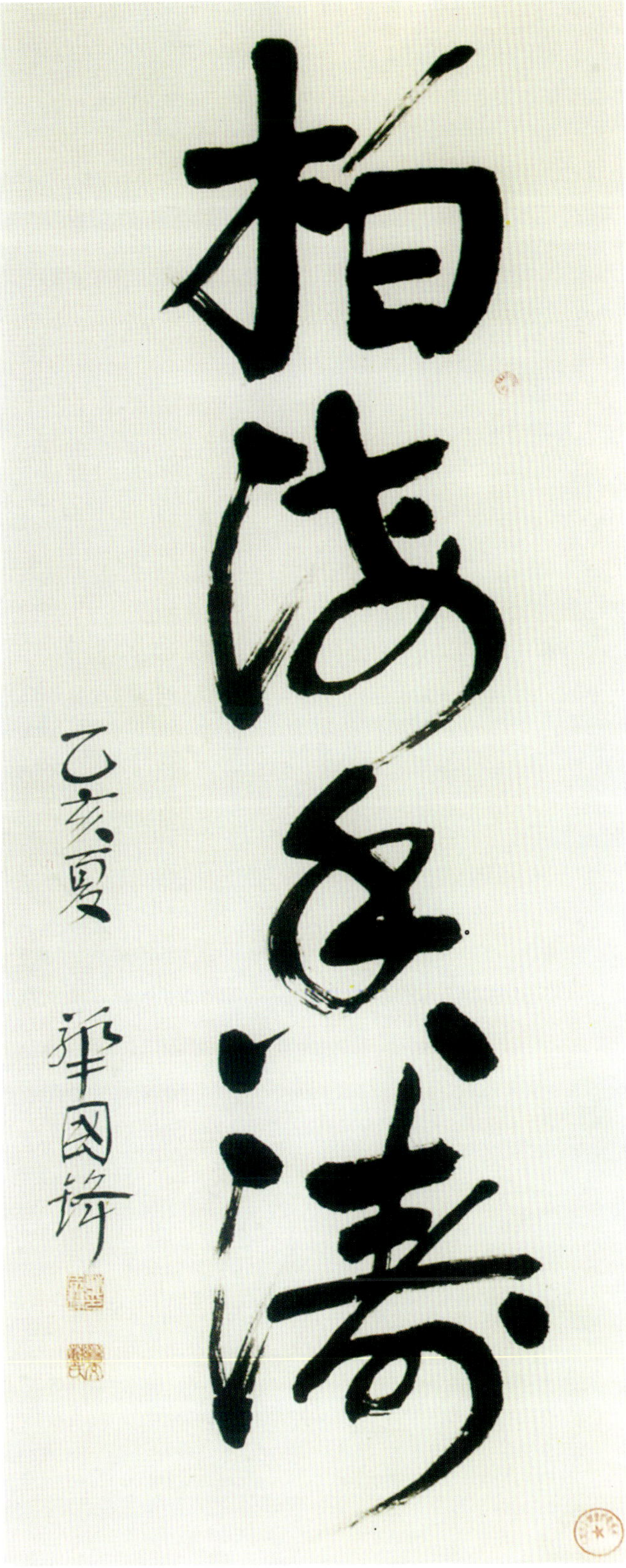

乙亥夏

华国锋

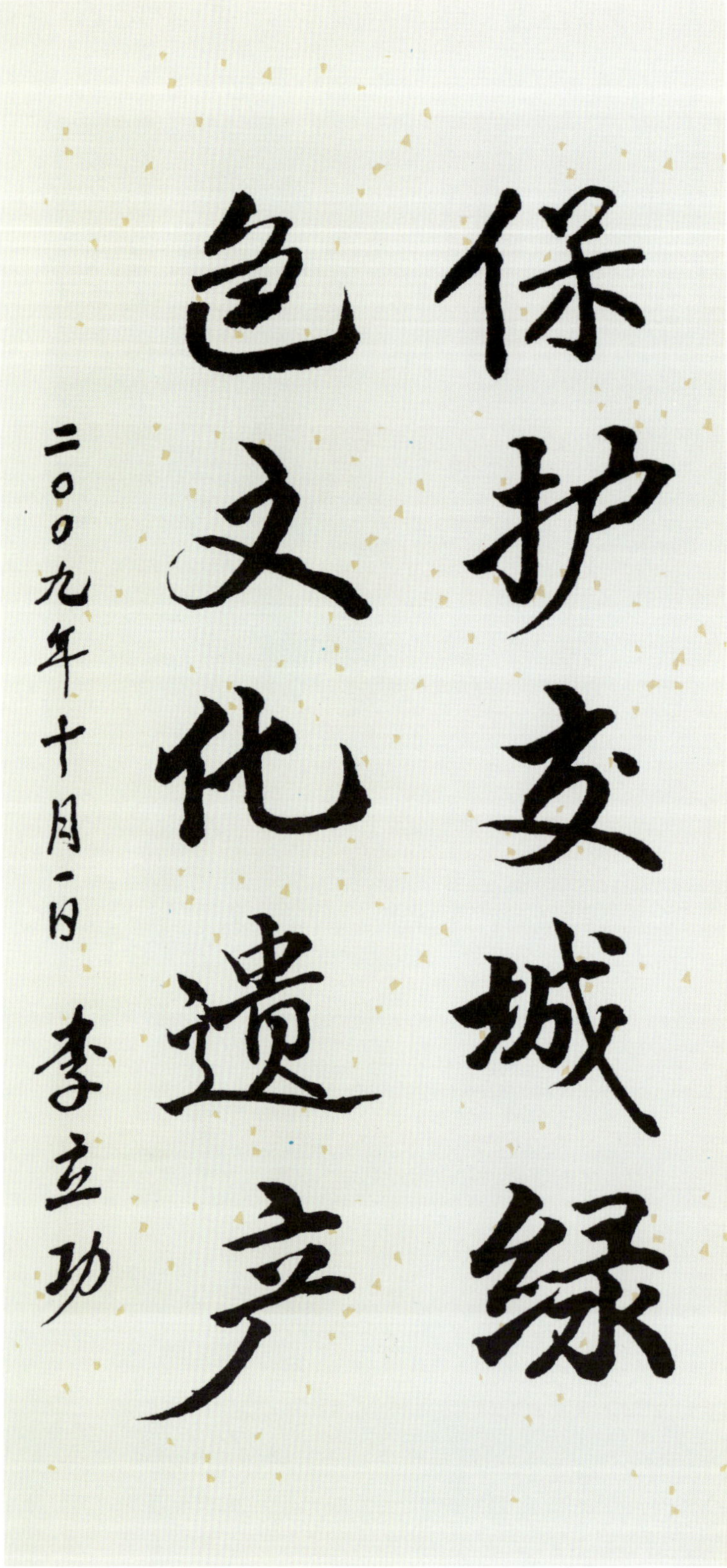

保护交城绿色文化遗产

二〇〇九年十月一日　李立功

李立功：1925年生于交城县山水村，1938年参加交城县抗日游击队，曾任中共交城县区委书记，交城县委组织部、宣传部部长，晋源县县长。新中国成立后，历任青年团汾阳地委书记，中共隰县县委书记，吕梁县委书记，晋南地委书记，共青团山西省委组织部副部长、部长、副书记、第二书记，共青团北京市委第一书记，中共北京市委组织部部长，北京市委副书记，中共山西省委书记，山西省老区促进会会长等职。

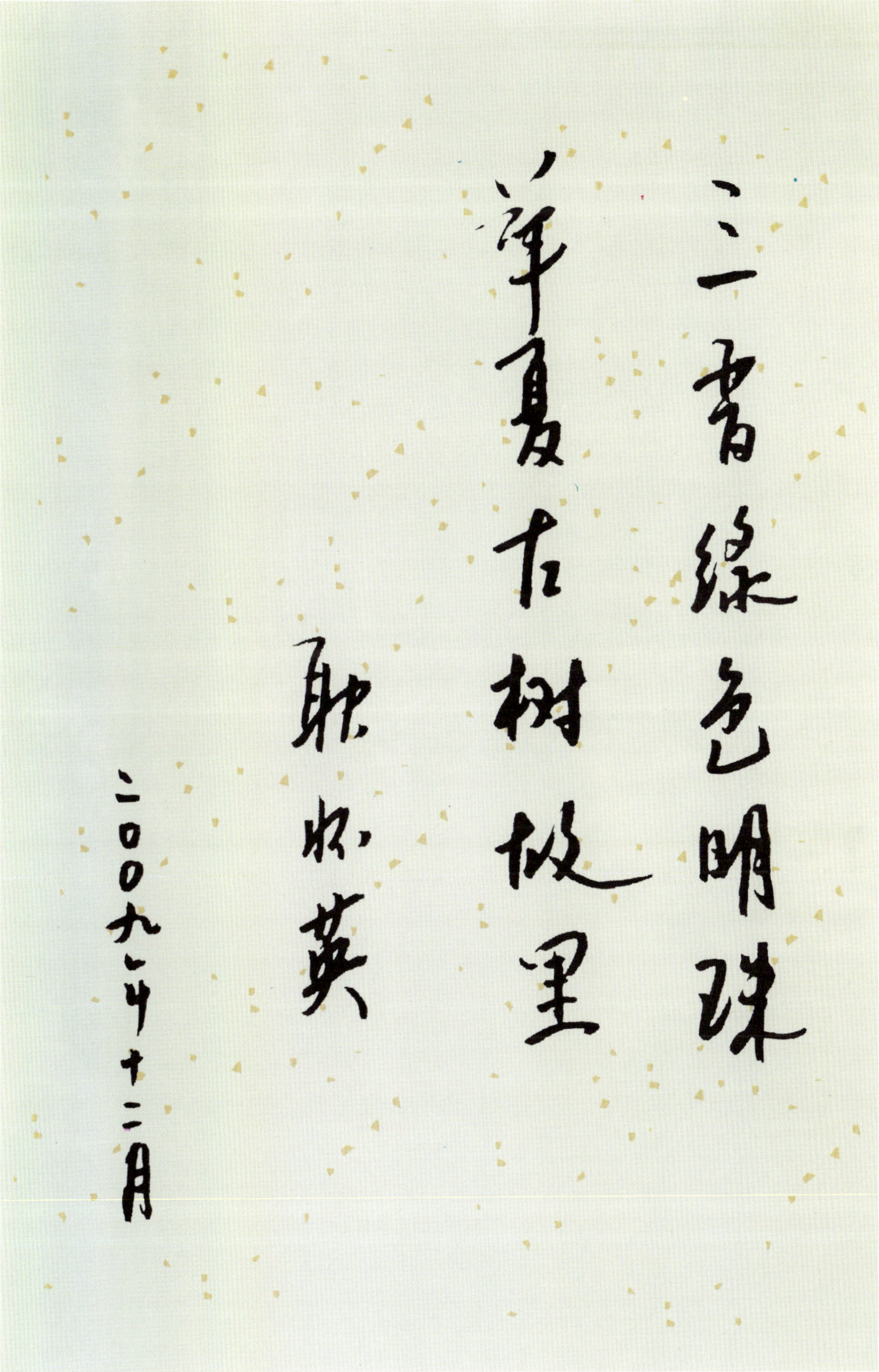

三晋绿色明珠
华夏古树故里

耿怀英
二〇〇九年十二月

山西省林业厅厅长　耿怀英

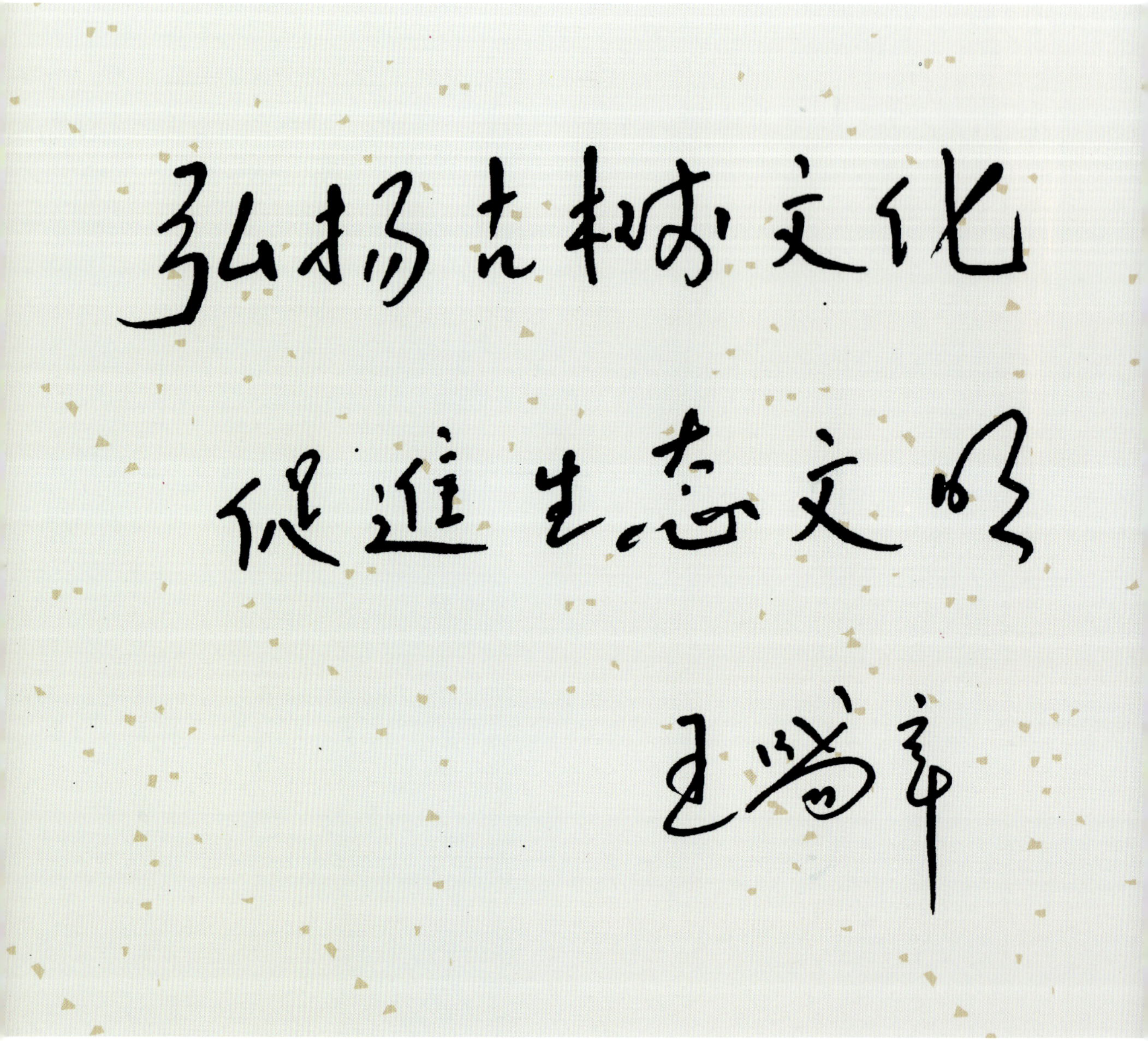

弘扬古树文化

促进生态文明

王盛章

吕梁市人民政府副市长 王盛章

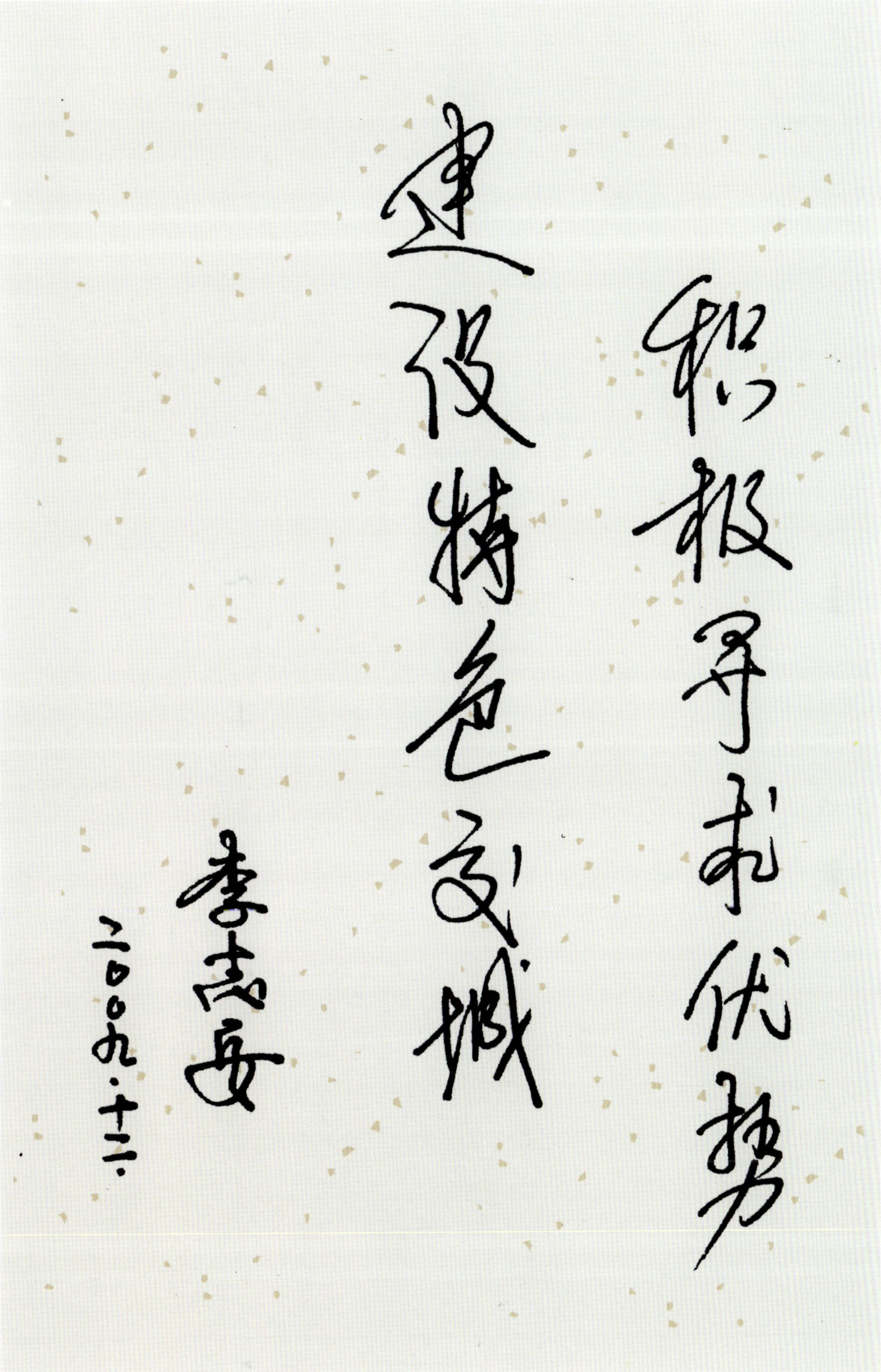

积极寻求优势
建设特色交城

李志安
二〇〇九·十二

中共交城县委书记　李志安

云顶秋色

JIAOCHENG ZHENXI GUSHU

前言

交城县位于吕梁山东麓，山西省中部，晋中盆地西缘，北枕吕梁，南带汾河，东连太原，西临方山、离石，属城郊型通衢热线，是吕梁的东大门，省城太原的近郊县。307国道横贯境内，大运、夏汾高速公路交汇于此，“太中银”铁路穿越而过，具有优先接受环渤海湾经济区辐射的区位优势。全县总面积1822.11平方公里，其中山区占92.8%，平川占7.2%，全县林地面积221万亩，森林覆盖率53%，是山西省林业大县。

交城历史悠久，春秋属晋，战国属赵。隋建交城县，因古交城地处汾孔二河相交处，故名交城。唐天授年间移置今址，历代县名未改。在北魏前后交城境内开始大规模修筑寺院，栽植松柏树木。至今还存活有周、汉、唐、宋、元、明、清等珍稀古树名木。经调查，全县零星分布的古树22科、28属、33种、200余株，集群分布的有卦山古柏、石壁古柏、交城骏枣、华北落叶松、云杉等（其中500年以上的古树有2000余株）。它们历经千载百年，任凭时代的变迁，年轮的增长，用无比顽强、百折不挠的生命力向世人诉说着交城历史的沧桑巨变，记载着交城世事兴衰的历程，描绘着交城自然园林的奇光异彩，印证着交城古老而灿烂的文化。

为了充分展示交城古树风韵，加大古树保护力度，弘扬古树文化，推进生态文明建设，实现返璞归真、天人合一的共同追求，我们编辑了《交城珍稀古树》一书。在编辑过程中，我们力求真实反映交城古树风采，努力挖掘古树文化内涵，但由于水平有限，再加时间仓促，难免存在诸多不足之处，恳请广大读者提出宝贵意见。

编　者

2010年5月

自然的绿色
永远的选择

孙善文

中共交城县委书记 李志安

交城县人民政府县长 孙善文

JIAOCHENG ZHENXI GUSHU

序

天地之间，万物生长其中，异质聚汇，深刻交融，彼此滋养，进行着不断的能量交换和资源互补，形成一个物竞天择的自然循环，共同构建和维持着生态系统的平衡。在这个生态体系中，森林发挥着巨大的作用，它是人与自然物种赖以生存的生命空间中不可或缺的重要组成部分。而在广袤的森林资源中，无数种类繁多的珍稀古树蕴蓄其中，森林因它们而深厚，世界因它们而美丽，它们是生态系统绿色王冠上熠熠生辉的璀璨明珠，是林木资源中的瑰宝，是生态文明的象征。它们的存在赋予人类学、环境学以更加饱满、丰富、充实的精神内涵。

在我县浩瀚的茫茫林海与城乡、寺宇、院落、旷野间，遍布着不胜枚举的珍稀古树。这些足以承载地缘魅力和历史文化的周柏唐槐、古松巨柳，凌风霜雪雨，罹寒不凋，逾数千百年巍然屹立，历久弥坚，显示了其非凡的独特魅力和强大生命力。它们或因材质，或因体势，或因高古而天赋奇形，自秉异象。它们的生命体征中拥有不同的基元性和共同的恒久性，超长树龄甚至可以追溯到商周时期。它们以嶙峋的傲骨见证着人世间的风雨沧桑，坚劲的生命呵护着无穷的历史，难以洞察的年轮沉积着岁月的硬度和文明的块垒，传奇的动画与美丽的传说以及脍炙人口的历史典故更赋予其鲜活的人文意义。它们有足够的胸怀藏古涵今、俯仰百世。是时空和大自然造化的水乳交融；是天地的濡养和人力的呵护以及生命本体的坚实，造就了这些弥足珍贵的古树名木。

珍爱和保护前人留下的绿色文物，是历史赋予我们的神圣使命，是全社会每一个公民义不容辞的责任和义务。因而，我们必须高度重视古树名木的保护工作，提高“保护古树名木，促进生态文明”重要性的认识，弘扬中华民族爱树、植树、护树的优良传统，唤醒人们爱护古树名木的意识，引导广大人民群众、动员全社会力量积极支持、自觉参与对古树名木的抢救和保护工作，使森林资源中这颗奇葩的明珠能千古流芳，造福万代。

天地悠悠，古树苍苍，树有多高，浓荫就有多长。善待古树，就是善待人类的未来，善待名木，就是善待我们悠久的历史文化。

中共交城县委书记 [签名]

交城县人民政府县长 孙善文

2010年6月

目录

Catalogue

王朝瑞

1939年生，山西省文水县人，笔名王屋山。1965年毕业于山西大学艺术系。曾任山西画院院长，山西省山水画艺委会会长，中国书法家协会会员，中国书法家协会书法培训中心教授，山西省美术家协会副主席，山西省书法家协会副主席。

卦山 王朝瑞

壹

灵动思语

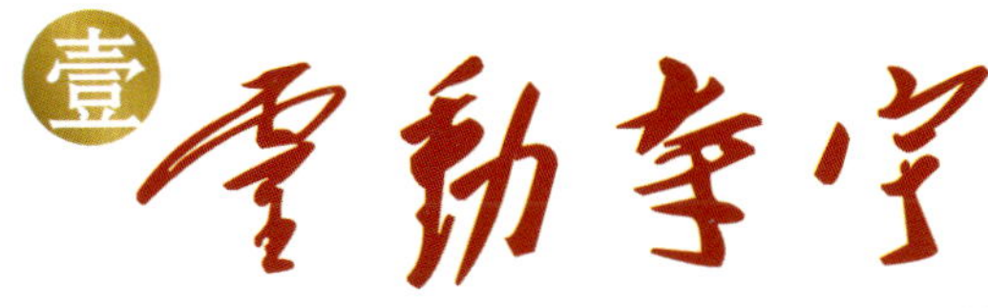

Lingdong siyu

保护古树名木　促进生态文明

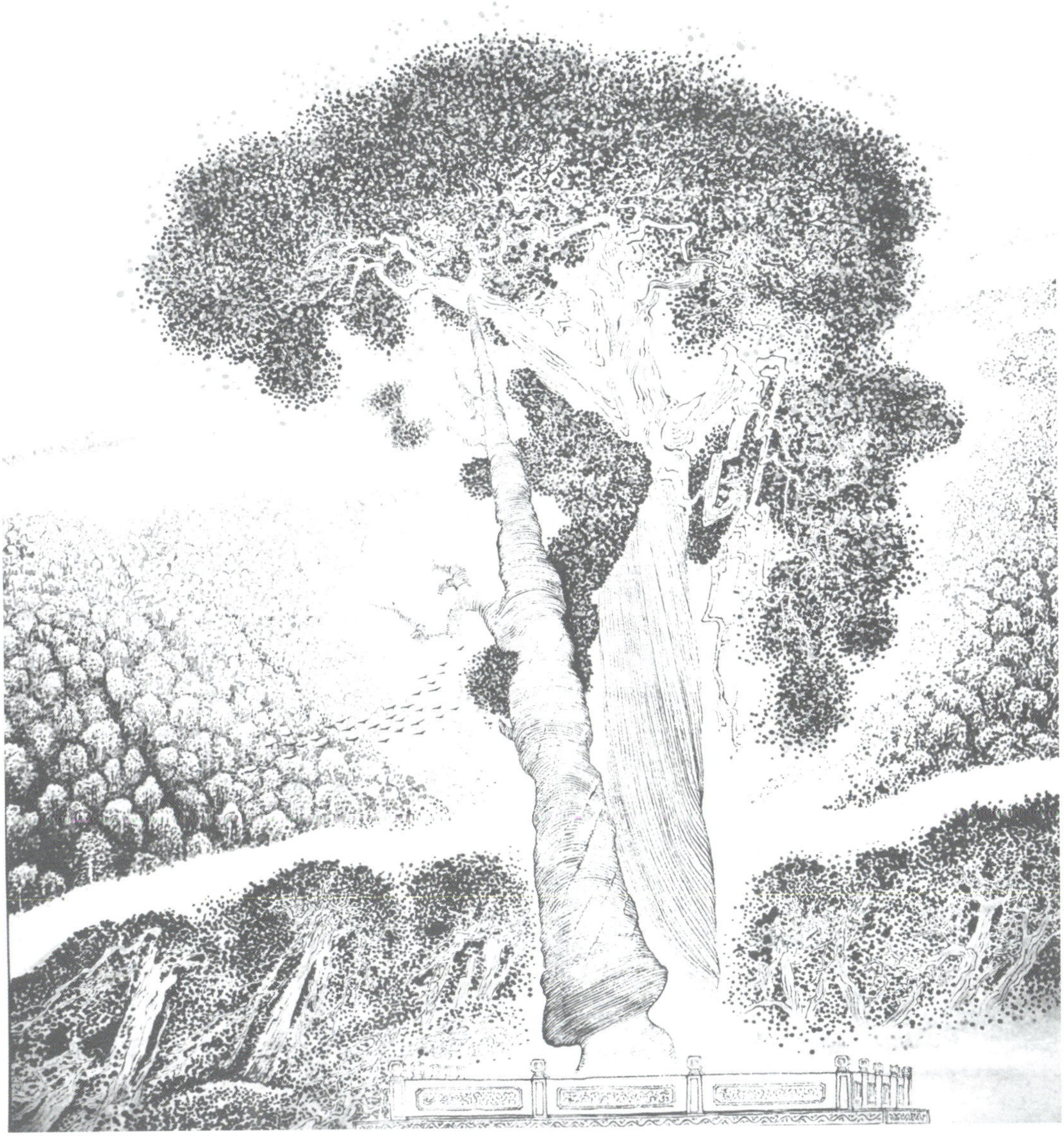

卦山柏王　郭礼成

玄中寺

玄中寺位于中国山西省交城县西北10公里的石壁山中，该寺始建于北魏延兴二年，时有昙鸾大师卓锡弘法，初开净土基业，后由道绰、善导继其风，发扬光大。贞观九年，唐太宗李世民拜谒玄中寺，赐名“石壁永宁禅寺”。1500年以来，玄中寺这一辉映千古的庄严法域，以其门风高峻、宗主一方的风范，广施法雨，德化十方，跨国界而越古今，成为蜚声中外的佛教净土宗祖庭，历来为日本、香港、台湾、韩国、美国与东南亚各国等数以亿计的海内外净土佛子视作心灵上永恒的故乡。

玄中寺作为佛教净土宗祖庭，1983年被确定为全国重点佛教寺院。寺内荟萃了北魏造像碑、北齐四面千佛造像碑、隋开皇造像碑、唐开元渤海高氏碑、唐甘露义坛碑、元八思巴文碑、昙鸾原始念佛道场摩崖石刻遗碣以及来自日本的三祖师画像等珍贵文物。另有安位祖庭的菅原惠庆灵塔、大谷莹润显彰碑与诸东瀛先德莲位法相。檀香牡丹、凤尾竹、花椒与缔结了日本枣寺佳话的玄中骏枣并称为“玄中四绝”，石壁玄中寺，以其博大精深的佛教文化底蕴与瑰丽奇伟的自然人文景观，散发出深邃而隽永的独特魅力，敞开其祖庭的廓然胸襟召唤着海内外净土佛子，迎候着来自八方的佳宾。

大雄寶殿

玄中牡丹

玄中牡丹已有600余年历史，在玄中寺院独特的小气候影响下，具有开花晚、花色艳、花期长的特点，因而被称为玄中四绝之一。

千手观音柏

位于玄中寺七佛殿前(海拔1024米)生长的一株“千头柏”，树高11米，主干高2.5米，胸围81.64厘米，南北冠幅7米，东西冠幅7.4米，生于清代。

玄中古杏

玄中凤尾竹

玄中凤尾竹在唐代《铁弥勒像颂碑》中已有记载，凤尾竹能在高寒地区玄中寺院内生长，且枝叶翠绿，生长旺盛，实属罕见，因而亦称为玄中一绝。

迎客竹

凤尾竹叶柳丝条，轻风一吹玉笛啸。
玄中胜境游人到，俯首迎送把头摇。

玄中银杏

玄中寺院内(海拔1024米)生长的一株银杏，树高19米，主干高4.2米，胸围125厘米，南北冠幅13米，东西冠幅12米，生于清代。

樱花树

玄中寺前院内(海拔1024米)长有一株樱花树。树高5米，主干高0.7米，胸围37.68厘米，南北冠幅3米，东西冠幅2.5米。这株樱花树是日本友人从日本东京带来的，它是中日友谊的象征。

珍树奇缺远洋来，和谐友好中日栽。
友谊之花常盛开，佛教相传千百载。

七叶树

七叶树科，七叶树（娑罗树）原产于印度，相传为唐玄奘西天取经从印度带回后在我国移植，现分布陕西、华北至江苏一带，因其树叶似手掌，多为七个叶茎，故名七叶树。

玄中寺大雄宝殿西院三祖堂院内长有两株七叶树，海拔1023米，其中一株树高12米，胸围39.2厘米。

黑枣树

柿树科（君迁子）落叶乔木，与柿子的主要区别是本变种小枝及叶柄密生黄褐色，果径不超过5厘米，产中南、西南及沿海，喜光，有较长的观赏期，为“四旁”绿化树种。

玄中黑枣

玄中寺西院三祖堂门前长有一株黑枣树，树高16米，胸围192厘米，海拔1024米，树龄约180年左右。

白丁香

位于玄中寺院内(海拔1024米)生长的白丁香，树高5米，主干高1.66米，胸围69厘米，南北冠幅5米，东西冠幅4.5米，树龄约100年。

紫丁香

位于玄中寺院内(海拔1024米)生长的一株紫丁香，树高8米，主干高2米，胸围70厘米，南北冠幅6.5米，东西冠幅6米，树龄约100年。

紫丁香于春季盛开，清香四溢，是人们极为喜爱的观赏性、食用与药用价值很高的一种常绿花卉。春季开花，紫色，花密集，成圆锥花序，香气浓烈袭人。由于丁香花朵纤小文弱，花筒稍长，故给人以欲尽未放之感。

天宁寺

天宁寺座落在县城北2.5公里卦山之中，是本县最大的寺院之一，汉魏兴朝为道家所居，唐代时曾有僧侣上百余人，元代时为天宁万寿院。寺内有石刻、铁铸、木雕、泥塑佛像300余尊。寺右有娘娘庙，文星阁，寺左有地藏殿、三教堂；过毗卢阁，拾级而上，有石佛堂。顶峰为三十三天，有太极塔，登峰远眺，万象森然，古柏叠翠，峭壁悬崖，重楼峻阁，气势磅礴，巍然壮观。

侧柏

柏科，侧柏属（扁柏、香柏等）乔木，树皮淡灰褐色，幼树树冠尖塔形，木材淡黄褐色，材质致密坚重，不挠裂，有香气，耐腐朽，老则呈广圆形，产华北等地，为石灰岩山地及黄土高原重要造林树种。

彩虹柏

彩虹柏

彩虹柏位于天宁寺大雄宝殿院内(海拔938米)，树高12米，主干高6米，胸围229厘米，南北冠幅9米，东西冠幅6米，树龄约1000年左右。

这棵柏树生长在大雄宝殿的东南侧，它由北向南延伸，形成了一条弯弯的曲线，好似一道千年不谢的彩虹。

汉柏

汉柏位于天宁寺大雄宝殿院内西侧，树高24.5米，主干高3.5米，胸围386厘米，南北冠幅11米，东西冠幅13米，生于汉代，树龄约2200年。

蛇头柏

蛇头柏位于卦山天宁寺石佛堂院内(海拔1027米)，树高20米，主干高1.7米，胸围244厘米，南北冠幅9米，东西冠幅11米，树龄约1500年左右。

状元柏

状元柏位于卦山书院后八卦池的中心内(海拔939米)，树高13米，主干高4米，胸围174厘米，南北冠幅4米，东西冠幅5米，树龄约1000年左右。

这株柏树枝叶茂密，生长旺盛，很久以前就有当地百姓到这棵柏树下给孩子许愿考取状元，求得功名。还愿时就给柏树披红褂绿，年长日久人们就称这棵树为:“状元柏”。

花楸树

图中的花楸树位于天宁寺千佛阁院内(海拔933米)，树高17.5米，主干高5米，胸围119厘米，南北冠幅8米，东西冠幅5米，树龄约270年。

悬根槐

位于天宁镇柏林村观音庙前(海拔1003米)生长的一株悬根槐，树高24米，主干高4米，胸围565厘米，南北冠幅23米，东西冠幅23米，树龄约1200年。

柏林村观音庙悬根槐，半个树身在路上，半个树身的根筋却由于多年的洪水冲涮露在了外面。悬露的树根长达20多米，直达小河内，树根千姿百态，有的如“雄狮”在吼，有的如“大象”戏水，有的如“人参”座崖，有的像“绣球”连珠，真是奇妙难言。

相传在一个漆黑的夜晚，伸手不见五指，磁窑村的上空乌云密布，满天的星斗不见一颗。忽然间一阵狂风四起，黑云翻滚，风雨交加，这时一声刺耳的炸雷响彻云霄，明亮的火球带着一道电光就像脱缰的野马从天而降，直入槐树中心。第二天一大早村民们路过槐树旁看见树叉中心有个洞，人们都猜测，有的说："肯定是槐树里藏了什么成精的东西，昨晚龙抓走了。"众说不一。说来也怪，过了几天从洞里慢慢长出了棵像狮子脑袋的树瘤。村民们讲："这是颗雷震狮子头"，从此以后这颗老槐树就叫"狮头槐"，这真是：

辽辽胜远汉代朝，冲宵凌空树中豪。
饱经风霜千年过，狮头老槐震河妖。

狮头槐

位于天宁镇磁窑村观音庙前(海拔841米)生长的一株国槐，树高28米，胸围769厘米，南北冠幅25米，东西冠幅23米，树龄约2200年左右。

狮头槐

莲花槐

莲花槐位于天宁镇磁窑村南狐神庙院内(海拔840米)，树高16米，主干高3米，胸围408厘米，南北冠幅10米，东西冠幅10米，树龄约800年。

此槐树身粗壮，根深蒂固，二级枝以上分五大主枝，长势旺盛，由于整体树形像一朵盛开的莲花,因而当地人称:“莲花槐”。

云根槐

云根槐位于夏家营镇覃村龙王庙(海拔767米)，树高21米，主干高2米，胸围659厘米，南北冠幅16米，东西冠幅20米。

这株国槐据庙内石碑上记载：此树栽植于北魏，距今1500多年，树型雄伟壮观，云根翻动漂浮，就像槐树被云团托起一样。虽然千年沧桑，仍屹立于大地。清朝光绪年间陕西一石匠途经此地，在树杈中间镶嵌“云根”石碑一块，在树根部还嵌有一个石香炉。

阳渠永福寺

永福寺位于城东1公里阳渠村东，建于隋开皇二年（597）。金大定二十八年（1188），明洪武九年（1376），宣德九年（1434），清乾隆三十一年（1766）均重修，现存建筑为清代建筑。

寺院气势宏伟，布局整齐。旧为前后两院。大殿3间，为释迦牟尼佛堂，东西偏殿各5间，东西厢房36间，为列佛殿堂，寺门有三，钟鼓楼尚为完整，与寺院相对有清建戏台，全部寺院占地3884平方米。

永福槐

永福槐位于天宁镇阳渠村永福寺大门外(海拔757米)，树高12米，主干高2.5米，胸围204厘米，南北冠幅10米，东西冠幅7.5米，树龄约500年。在1994～1995年曾经在此地拍摄过12集电视连续剧“郭兰英”。

娘娘槐

娘娘槐位于天宁镇柰林村西娘娘庙前(海拔767米)，树高21米，主干高3米，胸围408厘米，南北冠幅20米，东西冠幅19米，树龄约800年左右。

此槐在主干3米以上分二大主枝，二级枝以上又分五大主枝，长势旺盛。

广生寺

广生寺位于城内东关南巷，座南朝北，是县级重点文物保护单位。2000年玄中寺接管，为其下院，组织进行了大规模的维修保护工程，派驻僧人管理，成为县城附近地区佛教信徒新的活动场所。

广生寺，清代康熙十五年（1676）由邑绅士世醇（曾任浙江仁和知县）创建，乾隆二十九年（1764）、五十七年（1792）、同治十三年（1874）三次重修。广生寺建筑风格独特，建筑面积达1125平方米。山门面阔三间，布瓦歇山顶，五踩斗拱，具有清代早期建筑特征，正殿窑洞为无梁殿构造形式，室内贯通，空间扩大，利用率提高。释迦牟尼佛端座正中，通体贴金，金碧辉煌，摩诃迦叶、阿难陀分列两侧。每眼窑洞内墙壁上另碹砌小洞窟各一眼，内供佛像，俗称“九窑十八洞”。上层抬梁式木构，秀丽壮观。正殿上层供奉西方三圣金像，中为阿弥陀佛，两侧是观音菩萨和大势至菩萨。院后东南三层六角亭，上亭下洞，设计精巧，攒尖顶梁架，高耸挺拔。山门外有一唐代古槐，粗壮高大，枝繁叶茂。广生寺地理位置优越，交通方便，与近在咫尺的环神阁、丁家大院及丁家祠堂构成一处高品位的以古代建筑为依托的人文资源旅游区，具有极好的开发价值。

果老槐

广生寺(海拔762米)大门口生长的一株国槐，树高19.6米，主干高5米，胸围533厘米，南北冠幅12.3米，东西冠幅17.4米，树龄1000年左右。

相传在唐末宋初年间，交城过古节赶庙会，张果老骑毛驴来到东关街舅舅家做客,因赶庙会的人多拥挤没有拴驴的地方，随手便拿出拐棍往地上一戳拐棍立刻变成一棵小树，就把毛驴栓上回了舅舅家。舅舅因多年没见这个神秘而有半仙之身的外甥，就拿出上好的杏花村汾酒来招待他，结果喝的果老大醉，临走时倒骑着毛驴忘了拿拐棍，之后这根拐杖就长成了“大槐树”，所以人称“果老槐”。

油松

松科，松属（短叶松、东北黑松、巨果油松）乔木，树皮灰褐色或褐灰色，裂成较厚的鳞状块片，天然分布很广。喜光，适干冷的气候，华北山区海拔在1500−1900米，心材淡黄红褐色，边材淡黄白色，纹理直，坚硬，强度大，是我国北方广大地区最主要的造林树种之一。

儿女松

位于会立乡何家塔老爷庙前(海拔1413米)生长的两株油松，树高15.5米，主干高7米，胸围174厘米，南北冠幅15米，东西冠幅15米，树龄约500年。

"儿松"粗壮有力，气质不凡，"女松"美丽大方，从远处看像一对翩翩起舞的"白鹤"。

刺槐

刺槐(泽槐)原产北美洲阿巴拉契亚山脉，我国18世纪末首先在青岛引种栽培，后遍及全国各地，以华北及黄河流域最为普遍，垂直分布在海拔2100米以下，以华北地区海拔400−1200米的地方生长最好。

哼哈槐

哼哈槐位于西营镇石侯村观音庙门前(海拔765米)，南一株树高16米，主干高2.5米，胸围204厘米，南北冠幅6.5米，东西冠幅7米，树龄约150年左右。主干3米以上分两大主枝，二级枝以上分四小枝，两株刺槐长的基本相似，北一株根部听群众讲:“在抗日战争时日本人在石侯村为了堵墙路，就把此株刺槐的根部砍掉一大枝。”当地村民称这两株树是守护观音庙前的“哼哈二将”。

二龙松（一号）

二龙松位于东坡底乡马安坪小木沟龙王庙(海拔1700米)，南侧一株（一号），树高12米，主干高4米，胸围210厘米，东西冠幅12米，南北冠幅10米，树龄约800年。

参天独立劲松枝，
庙宇沧桑废墟时。
身形挺立千年过，
百岁圣人老松知。

二龙松(一号)

二龙松(二号)

北侧一株(二号)，树高8米，主干高4米，胸围220厘米，东西冠幅20米，南北12米，树龄约800年。这两株油松枝叶茂盛，遮阴避日，长势良好。

九曲松

九曲松位于东坡底乡马安坪小木沟山神庙前(海拔1900米)，树高10米，主干高3米，胸围200厘米，东西冠幅15米，南北冠幅15米，树龄约700年。它枝臂长相互穿插，弯曲自如，就像是山神在树上摆了一条九曲黄河阵，它：

力抖千钧振寒声，雄枝重叠独孤峰。

臂膀一展遮天地，高耸苍劲九曲松。

花楸树

花楸五虎

水峪贯镇拐只山村花楸庙前长有9株花楸树，5棵大树4棵小树，其中5棵大树树高都在18米，胸围120厘米，南北冠幅8米，东西冠幅8米，海拔1111米，树龄约200年，这5棵粗大花楸树被当地村民称为："三国演义五虎上将"。

花楸树

花楸树花楸属，水榆花楸，乔木，小枝近褐色，单叶，卵形至椭圆状卵形，先端短，渐尖，基部圆形，生长于东北至华中及西北等地，多在海拔500-2300米的山地阴坡及溪谷生长。

王山寺

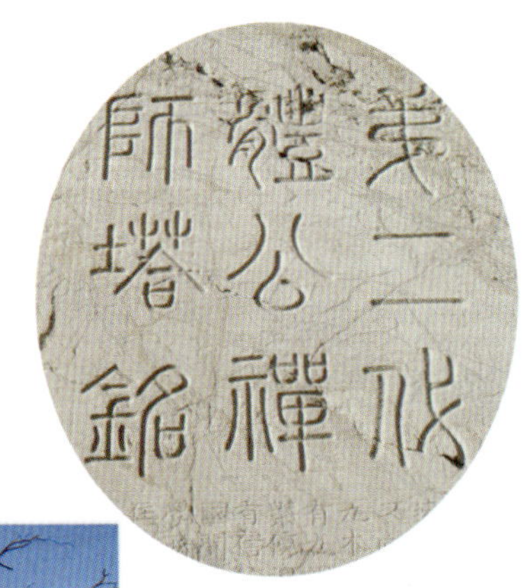

禅寺石窟

圆明禅寺位于天宁镇柰林村北王山之阳，俗称王山寺，是县级重点文物保护单位。金明昌元年(1190)刊《修建王山十方圆明禅院之记》为全县现存最大碑刻。

圆明禅寺创建于北汉乾祐二年（949），由纵向前、后两个梯次组成，每个梯次又由横向数个院落构成。前一个梯次有山门、观音堂、普光堂、官厅、罗汉堂，建筑多为窑洞，砖或块石达碹造，古朴原始，洞内气氛温润，四季如春。后一个梯次东西跨度达52米，有关帝殿、石窟造像、来月亭、方丈、茶堂、西方圣境等。因地形所限，前一梯次窑洞屋顶即为后一梯次之院心，布局紧凑，为山区建筑设计之成功典范。

圆明禅寺早年与卦山天宁寺、石壁玄中寺称交邑三大佛教名寺。金大定二年（1162），交城官绅聘请觉体禅师出任圆明寺住持，禅师接连创建普光、观音二堂。利用白鹿泉水大力垦荒，种植蔬果，寺院地产增至300亩。大定三年（1163）敕赐寺名“王山十方圆明禅院”。禅师主寺其间，弘扬佛法，勤力讲学，影响颇大，“汾晋禅流可与江左比”。之后，继有高僧大德住持，请得金世宗第三子完颜永功和元朝开国宰相耶律楚材（1190-1124）为圆明寺功德主。寺院香火兴旺，僧侣满堂。时至清末，天灾为祸，寺院败落，更有劣僧妙缵将寺院幸存白塔湾崖畔柏树折银盗卖。从此，圆明寺一蹶不振。

观音槐

观音槐位于西社镇东社村槐树底观音庙前(海拔873米)，树高22米，主干高2.5米，胸围596厘米，南北冠幅18米，东西冠幅20米，生于唐代。

此槐在树身约1米处长有树花，形似观音，所以人们也称“观音槐”。据村民们讲：当时有个姓张和姓解的人从洪洞县来到东社村，且随身带着一株槐树苗，就把它随手插在村里观音庙前，现长成了一棵“参天”大槐树。

龙堂寺位于水峪贯镇野珠沟内，洞室五孔，明清重修碑记六通，墓塔一座。龙堂寺周围满山松柏，背靠悬崖绝壁与天然洞窟（龙堂岩）。溶洞内常年流水钟乳石形态各异。龙堂寺是我县深山区内的一处佛教寺观。

寺堂石碑

洞中钟乳石

龙堂寺五角枫

水峪贯镇野珠沟龙堂寺后长有一株五角枫，胸围251厘米，高5米，树龄约200年，此树树根扎入岩石缝中，树干扁平形状沿山体表面向上生长着，虽主干上端已枯死脱落，但新发枝条长势旺盛。顽强的生存能力，体现了不畏艰难、顽强拼搏的精神，令人钦佩。

唐柏

图中的唐柏位于卦山天宁寺大雄宝殿院内东侧(海拔938米)，树高16米，主干高3.5米，胸围329厘米，南北冠幅17米，东西冠幅12米，生于汉代。

马庄石佛寺

佛教传入本县始年无考，但到北魏前后，县境已开始大规模修筑寺院，据民间传说，竖石佛村石佛寺则与玄中寺同期，除竖石佛尚遗石佛刻造像外，其余寺庙只剩瓦砾可寻。

马庄石佛寺院内有一种战国时期的槐树，它枝繁叶茂，雄伟壮观，生长自如，主干高2.5米，东西冠幅20米，南北18米，树高16米，二级以上分东南西北六大主枝，西侧的两大主枝已风折，其他四枝自如伸向东西南北，南侧两大主枝双抱扭曲，槐树长势非常漂亮，也是交城槐树中之王。由于管理不善，现只剩几枝废枝了。

文昌柏

卦山脚下文昌宫内，生长有二十余株古柏，树龄均在300年以上，其中院西（海拔780米）的一株，树高22米，主干分两大主枝高达12米，胸围350厘米，东西冠幅8米，南北冠幅10米，树龄约1600年左右。

文昌柏

文昌柏

贰

植根村寨

Zhigen cunzhai

保护古树名木　促进生态文明

羚羊槐

羚羊槐位于水峪贯镇鲁沿村(海拔1047米)，树高20米，主干高3米，胸围659厘米，南北冠幅23米，东西冠幅20米，树龄约1500年。在主干约1米处有一个“绣球花瘤”，从远处看整个树身“有眼有嘴也有角”，活像一头千年的“羚羊”，所以人称“羚羊槐”。

万古年轮千秋槐，
槐型奇特等尔猜。
猜中有妙妙中妙，
妙似羚羊身是槐。

龙头槐

龙头槐位于西社镇大岩头村一位张氏家门口(海拔879米)，树高17米，主干高1.5米，胸围618厘米，南北冠幅10米，东西冠幅12米，树龄约1500年。据村民们讲：在建国前此处长有两株槐树，由于这两株槐树造型独特，一株像龙，一株像凤，人称“龙凤”槐。1953年把“凤”槐给砍了，现只剩“龙”槐了。

龙头槐

竹根槐

竹根槐位于洪相乡裴家山村(海拔1371米)，树高19.5米，主干高2.5米，胸围433厘米，南北冠幅15米，东西冠幅20米，树龄约800年左右。这株国槐树型独特，根筋抓地，二级枝以上分三大主枝，三级枝以上分八大主枝，现已有两枝风折，六枝长势良好，根部开展自如，盘根错节，所以人称“竹根槐”。

绣球槐

绣球槐位于西社镇米家庄村古戏台前(海拔893米)，树高30.5米，主干高3.5米，胸围565厘米，南北冠幅20米，东西冠幅15米，生于唐代。

槐树生球成千载，
叶茂参天畅心怀。
古稀贤人知谁在，
唯有老槐留感慨。

蛇形槐

位于洪相乡斗足凹村(海拔1405米)生长的一株槐树，树高9米，主干高2.2米，胸围408厘米，南北冠幅12米，东西冠幅15米，树龄约1200年左右。

金龟槐

金龟槐位于水峪贯董家圪垛村村北，树高18米，胸围388厘米，主干 3.69米，东西冠幅16米，南北冠幅12米，树龄约800年，长势良好。

撕裂槐

洪相乡申家庄村(海拔1244米)生长的一株国槐，树高20米，主干高2米，胸围596厘米，南北冠幅20米，东西冠幅20米，生于唐代。

安定槐

洪相乡安定村村委门口生长着两株国槐，南一株，树高19.1米，主干高3.3米，胸围417厘米，南北冠幅13.5米，东西冠幅15.6米，树龄约800年。北一株，树高12.5米，主干高3米，胸围461厘米，南北冠幅15.5米，东西冠幅11米，树龄约1000年。

安定槐雾凇

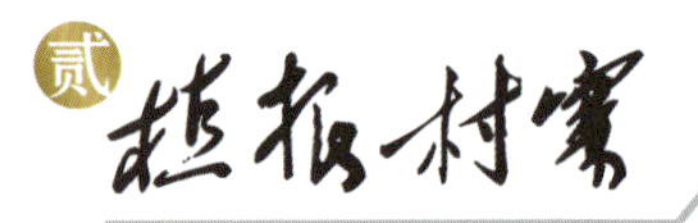

龙蛛槐

龙蛛槐位于岭底乡圪垛村村东元宝圪垛地段(海拔1177米)，树高23米，主干高2.2米，胸围376厘米，南北冠幅18米，东西冠幅15米，树龄约500年。

二级枝以上分四大主枝，三大主枝分别长在主树干的西北、西南、东南方向，中间一枝“顶天柱”，从槐树外露的根系上看像一个盘根结网的“大蜘蛛”，人称“龙蛛槐”。

西岭槐

位于洪相乡西岭村(海拔1392米)，生长的一株国槐。树高25.5米，主干高2米，胸围439厘米，南北冠幅11米，东西冠幅8米，树龄约1400年左右。

冲天槐

冲天槐位于水峪贯镇大游底村(海拔1000米)，树高21米，主干高4米，胸围380厘米，南北冠幅15米，东西冠幅20米，树龄约800年。

这株国槐，直冲云霄，树身健壮，长势旺盛，十分壮观。

老井槐

老井槐位于岭底乡王山岭村水井旁(海拔1125米)，二级枝以上分三大主枝，树高18米，主干高3米，胸围254厘米，南北冠幅13米，东西冠幅11米，树龄约800年左右。

鹿角槐

鹿角槐位于岭底乡山庄头村东南方向(海拔1420米)，二级枝以上分四大枝，树高14米，主干高3米，胸围251厘米，南北冠幅12米，东西冠幅7米，生于明代。

西雷庄槐

西雷庄槐位于岭底乡西雷庄村(海拔1086米)，树高12米，主干高2米，胸围157厘米，南北冠幅9米，东西冠幅10米，树龄约300年。

香炉槐

岭底乡山庄头村真武庙旁(海拔1420米)生长的两株国槐，左侧的一株为香炉槐，树高28米，主干高3米，胸围486厘米，南北冠幅14米，东西冠幅15米，树龄约1200年。

驼鸟槐

右侧的一株为驼鸟槐，树高16米，主干高2.8米，胸围440厘米，南北冠幅11米，东西冠幅25米，树龄约800年。

冀家山槐

岭底乡冀家山村姓苏的一家大门旁(海拔1346米)长有一株国槐，树高21米，主干高1.5米，胸围357厘米，南北冠幅15米，东西冠幅25米，树龄约800年。

温家寨槐

夏家营镇温家寨村(海拔759米)长有一株国槐，树高14米，主干高2米，胸围383厘米，南北冠幅10米，东西冠幅14.3米，生于元代。这株国槐生长在温家寨村大寺庙前，相传是洪洞移民时所栽。

慈母槐

西社镇沙沟村(海拔890米)长有一株国槐，树高18米，主干高3.5米，胸围439厘米，南北冠幅12米，东西冠幅7米，树龄约1200年。

在这株槐树旁放有一块磨盘,据村民们讲：“槐树是支笔，磨盘是块砚。”预示着该村文人辈出，人才济济。

磨盘如砚笔是槐，
时光运转风水来。
千年老树生母乳，
养育儿女早成才。

龙爪槐

岭底乡圪洞村(海拔1146米)长有一株国槐，二级枝以上分两大主枝，树高14米，主干高2米，胸围304厘米，南北冠幅14米，东西冠幅15米，树龄约1200年。由于这株国槐槐根外露，翻腾云滚，盘根错节，好似龙爪抓住土地一般，当地村民叫“龙爪槐”。

骏枣古树群

交城骏枣是山西四大名枣之一，誉为“枣王”，素有“八个一尺十个一斤”之称。据史料记载，交城县骏枣的种植历史已有两千多年，目前交城骏枣古树主要分布在瓦窑、磁窑、田家山、岭底、西社等地。据初步统计百年以上的骏枣树有一万余株。

骏枣

此枣树位于天宁镇瓦窑村桥东北侧(海拔730米)，树高15米，主干高1米，胸围250厘米，南北冠幅12米，东西冠幅14米，树龄约800年左右。

骏枣

此枣树位于天宁镇瓦窑村桥东北侧(海拔730米)，树高12米，主干高2.5米，胸围220厘米，南北冠幅12米，东西冠幅12米，树龄约1000年左右。

五指骏枣

此枣树位于天宁镇磁窑村井旁(海拔806米)，树高12米，主干高0.7米，胸围251厘米，南北冠幅12米，东西冠幅7米，树龄约1200年左右。

这株骏枣在主干1米以上分五大主枝，人称“五指”枣树。

骏枣树

此枣树位于水峪贯镇西孟村北(海拔1100米)，树高8米，胸围170厘米，主干高2米，东西冠幅5米，南北冠幅5米，树龄约600年。

枣树

瓦窑村桥东最老的一棵是唐代的枣树，树高12米，胸围490厘米，东西冠幅12米，南北冠幅12米。

仙人骏枣

岭底乡西雷庄村生长着一株枣树(海拔1070米)。树高12米，主干高2米，胸围157厘米，南北冠幅9米，东西冠幅10米，树龄约300年。

酸枣王

图中的酸枣王位于水峪贯村闫广华的家门口(海拔1200米)，树高10米，胸围180厘米，东西冠幅8米，南北冠幅6米，树龄约800年左右，长势良好，号称“吕梁酸枣王”。

酸枣

酸枣灌木，稀乔木，长枝上具较长的托叶刺，叶较小，长1.5-3.5cm，果较小，近球形，味酸，果核两端圆钝，产东北南部、华北华东，多生于荒山，路旁。

天宁镇磁窑村(海拔829米)生长的一株酸枣树，树高12米，主干高2.5米，胸围113厘米，南北冠幅6.5米，东西冠幅5米，树龄约400年左右。

垂柳

城内完全小学校院内(海拔762米)长有两株垂柳，左面一株树高16米，主干高3.2米，胸围510厘米，南北冠幅15米，东西冠幅13米，树龄约700年。右面一株树高9米，主干高3.5米，胸围480厘米，南北冠幅4米，东西冠幅7米，树龄约700年。

城内完全小学校始创于1904年，其前身为养正书院。百多年来，孕育出了一代又一代的人才。原中共中央主席、国务院总理、中央军委主席华国锋同志曾在1933年就读于本校。百年风云，造就了城内完全小学校骄人的业绩，百年求索，积淀了城内完全小学校学生科教兴国的信念，也浇灌了城内完全小学校不朽的丰碑。

平安柏

平安柏位于西社镇野则河村村北，树高7米，主干高2.5米，胸围197厘米，南北冠幅4米，东西冠幅5米，海拔970米，树龄约600年。这株柏树叫“岩柏树”，也叫“风水树”，相传是明代早期所栽。

核桃树

岭底乡光足村(海拔1158米)生长的一株核桃树，树高20米，主干高2.2米，胸围197厘米，南北冠幅15米，东西冠幅13米，树龄约200年。

这株核桃树解放前是陈明斗所有，现在已归陈丰斗经营。每年核桃产量200斤左右，长势良好。

油松

图中的这株油松位于水峪贯镇西孟村学校院内，树高15米，胸围160厘米，主干高7米，东西冠幅15米，南北冠幅8米，海拔1280米，长势良好，树龄约300年。

风水杨

风水杨位于东坡底乡贺家沟村南地(海拔1416米)，树高26.5米，主干高3.1米，胸围816厘米，南北冠幅27.4米，东西冠幅25米，树龄约600年左右。

因这株小叶河杨高昂挺拔，叶冠绿茂成荫，遮天盖地，树冠覆盖面积达685平方米，主干五人才能搂住，生长在小河边，所以长势旺盛，村民们也称“风水杨”。

风水杨

香椿

香椿(香椿属)落叶乔木，木材坚重，花纹美观，幼枝彩绿色，可食用，为速生珍贵用材树种，在国际上有“中国桃花心木”之称。

天宁镇北关街张忠德院中的一株香椿，树高12米，胸径50厘米，主干高4米，二级枝以上分七大主枝，东西冠幅12米，南北冠幅15米，长势良好，树龄在60年左右。

臭椿

上图这株臭椿位于西社镇沙沟村村西路北(海拔865米)，树高24米，主干高3米，胸围298厘米，南北冠幅14米，东西冠幅18米，树龄约260年。

这株臭椿生长在沙沟村侯氏的院内，它直立挺拔，长势十分的旺盛，号称“吕梁第一椿”。

吕梁第一椿

臭椿

苦木科、臭椿属（樗树、椿树）落叶乔木，树冠扁球形或伞形，树皮灰色至灰黑色，小枝近褐色，小叶披针形或卵状披针形，产我国华南、西南、华北等地。喜光，抗风沙及烟尘，为华北及平原的主要造林树种。

上图这株臭椿位于西社镇沙沟村村西路南(海拔865米)，树高24米，主干高3米，胸围204厘米，南北冠幅14米，东西冠幅18米，树龄约260年。

水杉

水杉为我国特有的、古老稀有的珍贵树种，在国外引种遍及亚洲、非洲、欧洲等50多个国家。树姿优美，叶色嫩绿宜人为著名的庭园观赏树，成为活化石。

县政府南院内(海拔760米)的一棵水杉，树高12米，胸围47.1厘米，南北冠幅1米，东西冠幅1米，树龄约30年。

黑弹朴

黑弹朴朴属（小叶朴、棒棒木、八麻子）落叶乔木，木材白色，树皮灰褐色。叶卵形状椭圆形。分布我国东北南部，长城以南长江流域西南等地。海拔在1000米以下。根皮入药，可防治老年慢性支气管炎。

黑弹朴，当地人称弹弹树。位于水峪贯西孟村学校院内(海拔1280米)，树高15米，胸围250厘米，南北冠幅10米，东西冠幅11米，长势良好，树龄约500年左右。

岭底乡东雷庄村文化站旁生长的一株皂角树，胸围180厘米，树高13米，树龄约100年左右。

广兴槐

广兴槐位于洪相乡广兴村张家沟(海拔782米)，树高18米，主干高2.2米，胸围609厘米，南北冠幅15.5米，东西冠幅15.5米，生于唐代。

圪洞槐

圪洞槐位于岭底乡圪洞村闫家院门旁(海拔1177米)，二级枝以上分四大主枝，树高18.1米，主干高4米，胸围273厘米，南北冠幅10米，东西冠幅7米，树龄约1000年左右。

迎宾柏

会立乡东沟旧村娘娘庙北西坡上(海拔1100米)长有一株侧柏，树高12米，胸围280厘米，东西冠幅15米，南北冠幅12米，树龄约1500年左右。

迎宾柏

神堂坪古柏群

会立乡神堂坪村村北100余米高的石崖上长有连片的古柏树，面积约60余亩，共800余株，树龄在100-800年之间。因生长在石缝中，故树形奇特。该树群是神堂坪村村北的一道绿色屏障，也是该村的风水宝地，该村祖祖辈辈都严加保护，从来没有人为破坏，长势良好。

迎宾松

会立乡东沟旧村娘娘庙北的东坡上长有一株油松，树高13米，胸围1.6米，东西冠幅10米，南北冠幅11米，树龄300年左右。

庞泉沟印象　王茂彬

王茂彬

1940年生，河北景县人。现为中国美术家协会会员、山西省美术协会常务理事，山西省山水画学会副会长、晋城市美术家协会主席。

叁 扮靓景区

Banliang jingqu

保护古树名木　促进生态文明

卦山牛头柏　郭礼成

庞泉沟

庞泉沟景区位于山西省交城县西北部，辖区总面积278平方公里，景区距县城90公里，省道祁方线穿境而过，交通便利，属城郊型旅游热线，在山西省旅游线路上具有突出的区位优势。

庞泉沟古代曾为北魏道武帝拓跋圭的皇家马苑，之后，孝文帝因祖母丧而一度居忧避政于此。唐代八仙之一张果老曾在此修行得道。千百年来，历代文人士大夫慕名而来者络绎不绝，吟诵唱和，留下了无数耳熟能详的不朽篇章，对庞泉胜境推崇备至。传奇的神话与美丽的传说以及脍炙人口的历史典故，更加丰富了庞泉沟这一净土人文历史的内涵与外延。

庞泉沟境内沟谷纵横，峰峦叠嶂，其主峰孝文山海拔2830米，是华北第二大高峰。沟谷低处海拔1650米，峰壑落差1180米，从而形成高峰叠翠、深谷飞瀑的壮丽景观。

庞泉沟属自然小气候，年平均气温1℃—3℃，境内雨量充沛，日照充裕。古树参天，植被垂直，带谱显著，野生动植物资源丰富，寒性与温性草林齐全，落叶松、云杉集中，素以“华北落叶松之乡”而著称，形成乔灌相间并存的植被群落，植被覆盖率达90%以上。该景区为全国八大鸟类保护地之一，是世界珍禽、山西省省鸟褐马鸡以及国家一二级保护动物黑鹳、金雕、兔狲、猞猁、林麝、金钱豹等数十种稀有动物繁衍、栖息地。景区风光绮丽，环境宜人，不雨而润，不烟而晕，置身其中，能够吮吸到饱含负氧离子的清淡气息以及大自然赋予的特有芬芳，体味到森林浴后清闲爽畅的美妙感受，是人与自然物种最理想的生态乐园。

龙尾松

庞泉沟镇东云顶风景区石栅沟山梁上(海拔2800米)生长着一株华北落叶松。树高10米，胸围157厘米，东西冠幅5米，南北冠幅5米，树龄约300年左右。

相传在很久以前，在百年不遇的一场大雨中，满沟的洪水夹带着泥石像脱缰的野马奔腾而下，眼看就要把下游的几个村庄淹没，就在这紧要关头一条大蛇横档在石栅沟的沟口处，洪水慢慢的自然而退，村民们才避免了一场洪水灾难，后来，这条大蛇头变成了一块巨石横在沟口，蛇尾变成了一株落叶松，所以当地人称“龙尾松”。

九龙松（白菜松）

庞泉沟镇王家湾村庄稼地旁(海拔1834米)生长的一株油松，树高30米，胸围668厘米，主干高1.5米，东西冠幅17.5米，南北冠幅17.5米，生于元代。因形似一颗巨型白菜，当地人亦称“白菜松”。

这株巨松，它长势奇特，树形别致，九条松枝，挺拔苍劲，气势磅礴，雄伟壮观，活像九条巨龙直插云霄，这真是：

浩然雄伟九龙松，独居凌霄入九重。

千百年来沧桑尽，身形一抖震乾坤。

九龙松

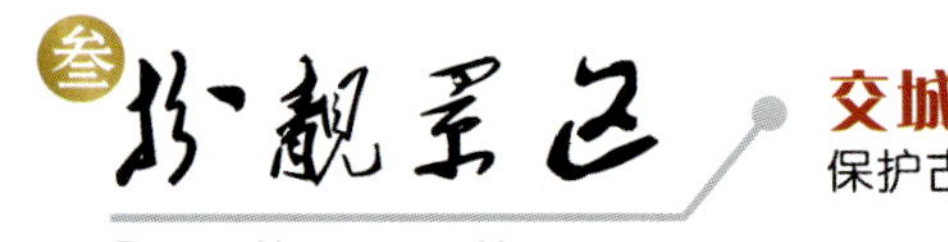

和谐自然——柏叶沟

华北落叶松群

华北落叶松天然次生林重点分布在庞泉沟风景区，分布面积约5万亩，树龄约60-220年，树高在30米-40米，属国家重点保护树种之一。

云杉

云杉属（大果云杉，白松，粗枝云杉）乔木，树皮淡灰褐色，小枝下垂，裂成不规则鳞片或块片脱落，具或多或少的短柔毛和白粉，为我国西南高山林区特有树种，海拔在2400-3600米左右，较喜光，以种子繁殖，是森林更新新树种。

云杉古树群

云杉天然次生林重点分布在庞泉沟国家级自然保护区核心区，分布面积约1.3万亩，树龄60-220年，树高在25-35米，是国家重点保护树种之一。

吕梁主峰——老子龙松

八道沟天然次生林

雪海云杉

庞泉垂青

褐马鸡

榆树

榆科，榆属（白榆，家榆，榆树）树冠近圆形或卵圆形，树皮暗灰色，纵裂而粗糙，叶椭圆状卵形或椭圆状披针形单锯齿。喜光，耐寒，抗旱，为“四旁”绿化、用材、防护林的主要造林树种。

圣母树

庞泉沟镇阳坡村生长的一株大榆树，因树龄在千年以上，当地人称“千年榆”。它长势奇特，主干横卧在地上，新生的两大主枝分别南北，看上去像一只大蜗牛。

相传很久以前：在村子的河边姑嫂两人洗衣服，洗着洗着抬头忽然看见在河的上游漂下了一颗“大红桃”，小姑捞起来就想吃，结果刚到嘴边桃子就自然下肚了，没过几天感觉肚里怀孕了。小姑羞于见人，躲在家里天天纺线。有一天人们突然发现小姑不见了，于是四处打听但还是不见人影，就在人们这束手无策的时候，有人却发现了一根纺下的红线挂在一棵大榆树上，村民们跟着线走，一直走到“笔架山”下，才知小姑子已经生了“九条龙”，在此“坐化”了，从此当地人将小姑供奉为“九龙圣母”。河边这棵老榆树也被当地人称为“圣母树”。

庞泉秋色

蟠桃松

庞泉沟景区财逯沟内(海拔2430米)长有一株落叶松，树高16米，胸围550厘米，南北冠幅16米，东西冠幅12米，树龄约500年，这棵树，树冠庞大，造型奇特，真是“风吹虎长啸，雨打斗神威”。从远处看树形似一颗“王母的蟠桃”，故称“蟠桃松”。

相传九月初九天宫众神给王母娘娘祝寿，悟空醉酒大闹蟠桃会，踢翻供桌，蟠桃跌落，带着祥云从天而降，云落山顶，后来人们称这座山为“云顶山”，蟠桃正好跌在树杈上，树长成了一颗桃的形状，所以人称“蟠桃松”。

顶天三柱

庞泉飞瀑

落叶松

龙泉沟景区财逯沟内(海拔2312米)长有两株落叶松，其中一株树高18米，胸围500厘米，南北冠幅8米，东西冠幅8米，树龄约400年。

石壁古树群

石壁古树群集中分布在交城山国家森林公园核心区，树种以侧柏为主，分布面积约405亩，树龄约100～600年。

果老峰

果老峰位于交城县西北的会立乡，毗邻庞泉沟国家级自然保护区，是关帝山国家森林公园景区之一。这里森林茂密、流水潺潺、鸟语花香，宛若仙境。果老峰海拔在1600米以上，终年无夏，是避暑、休闲、狩猎的好去处。

卦山古柏群

卦山古柏群

卦山奇特的地形地貌，是亿万年地质运动时代沧海桑田变迁的产物。生长于岩石缝中的卦山古柏，扭曲自如、千姿百态，是大自然“鬼斧神工”造就的杰作。故有：“黄山之松，云栖之竹，卦山之柏”之美称。卦山林地面积1400亩，古柏树占地面积800亩，古柏树约8400余株，树龄在500~2300年之间，是国内面积最大、树龄最长的集中连片古侧柏群。

七星柏

走进卦山风景区蜿蜒的公路中央生长着一株“七星柏”，树高15米，主干高3.5米，胸围204厘米，南北冠幅2.7米，东西冠幅7.2米，树龄约1100年。

卦山原为道家道场，到唐贞观元年，佛教兴起，道教式微，乡人便改道观为佛刹。一日寺成，开光之前夜，则见天上北斗齐齐陨落于卦山之怀，翌日，便见此柏树身七孔，上下排列，始知为七星坠落之处，所以称之为“七星柏”。

七星柏

虎头柏

卦山风景区路旁(海拔911米)生长的一株“虎头柏”，树高16米，主干高3米，胸围266厘米，南北冠幅11米，东西冠幅9米，树龄约1200年。

虎头柏

据史载，唐时八仙之一的张果老出生在交城南巷一张姓农家，因其一出世便白发飘逸，故而称其为张果老。此孩长大后喜道习经，常骑一毛驴云游天下，传说一日回乡到卦山，在此树下白日升天，树下便留下了果老仙影，人称“果老柏”，又因树干上有一个瘤球，树皮凸凹，形成虎头与龙凤图案，浑然天成，没有丝毫人工斧凿痕迹，形似虎头俯瞰来往游客，所以人称“虎头柏”。

牛头柏

卦山风景区路中央两株古柏连根生长(海拔911米)，其中一株树高20米，主干高3米，胸围207厘米，南北冠幅10米，东西冠幅7米，生于唐代。

传说春秋时，老子乘青牛由东及西传道说法，途经卦山，系青牛于此，便徒步登三十三天修行，日久，青牛卧地而死，道士便将青牛埋于此地，隔了几百年，一株类似牛首的柏树破土而出。也因该树西南裸露着树根，形似牛头，双角弯曲有致，门面广阔扁平，朗目微睁，其头圆乎乎、胖墩墩、毛茸茸，悠然自得，憨态可掬，所以人称“牛头柏”。

黑白二仙柏

卦山风景区内路边并排矗立着两株柏树(海拔902米)，其中一株树高17米，主干高4米，胸围251厘米，南北冠幅12米，东西冠幅9米，树龄约1000年。

传说卦山唐代曾经有黑白二蛇修炼于此，虽不害民，却也忧民。此事被张果老得知，便来此作法驱使，二蛇哀求张果老手下留情，放其一条生路，张果老便一拂尘将其发往峨嵋山，以后便有了白蛇传一段神话。原居之洞外便生出了一黑一白二株柏树，乡人便称其为“黑白二仙柏”。

唐槐

这株唐槐虽然已枯，但老百姓常说：千年松万年柏，不如老槐歇一歇，可能再过若干年，就会重新长出新的枝叶了。

将军柏

将军柏位于卦山风景区，树高19米，主干高5米，胸围188厘米，南北冠幅5米，东西冠幅4米，生于唐代。这株柏树就像一位威武的将军守护着卦山天宁寺，故称为“将军柏”。

夫妻柏

夫妻柏位于卦山风景区内(海拔925米)，树高14.5米，主干高3米，胸围188厘米，南北冠幅7米，东西冠幅7米，生于唐代。

这两株柏树长势良好，在主干处两树枝相接，犹如夫妻依偎拥抱，从唐到今，恩恩爱爱。

柏王柏后

柏王柏后位于卦山景区西梁(海拔978米)，树高10米，主干高4米，胸围157厘米，南北冠幅5米，东西冠幅4米，树龄约3000年。

这株柏树形似无皮槁木而未枯，顶端有枝尺余，茂叶犹生。主干秃兀，出地面即水平逆时针旋转扭纹赫然，一扭到顶，形似钢鞭，昂然挺立，所以也称“钢鞭柏”。

柏王者，受之于日月，萌生于商周。其形宛如浮屠峭立，挺拔云霄，其势恍若盘龙昂首，扶摇直上，造化之奇，神工之妙，世所罕见！柏王之侧，柏后相倚，体态婀娜，形同游凤之质；风姿绰约，韵比神女飞天。柏王柏后，复日文枝敷叶，泽被四方，神传异志沸于民口。

达摩柏

达摩柏位于卦山风景区内(海拔911米)，树高12米，主干高8米，胸围157厘米，南北冠幅5米，东西冠幅5米，树龄约900年。

这株达摩柏生长在天宁寺东面的山坡上，头带佛冠，枝叶茂盛，好似佛光四射。身披佛袍，一段一团，真是“达摩传佛经，众生登彼岸”。

连理柏

卦山风景区生长着四株连理柏(海拔913米)。其中一株树高15.5米，主干高3米，胸围219厘米，南北冠幅6米，东西冠幅7米，树龄约1000年。

这四株柏树相互照应，你缠我绕，和睦相处，十分融洽，人称“连理柏”。

鹰爪柏

鹰爪柏位于卦山风景区内(海拔930米)，树高8米，主干高3米，胸围141厘米，南北冠幅6米，东西冠幅5米，树龄约1500年。

这株柏树头似雄鹰，利爪像金钩一样牢抓树身，巡视目标，等待食物，真是："利爪如金钩，视目等禽兽。"

寿星柏

寿星柏位于卦山风景区内(海拔928米)，树高10米，主干高4米，胸围172厘米，南北冠幅4米，东西冠幅3米，树龄约1500年。

这株柏树由于年代长久而根须外露，就像是寿星老人的胡须一般，所以人称“寿星柏”，因根部相连，亦称“连根柏”。

绣球柏

卦山风景区内的“绣球柏”(海拔914米)，树高21米，主干高5米，胸围260厘米，南北冠幅12米，东西冠幅7米，树龄约1500年。

传说唐代武则天以周代唐后回故乡文水省亲，得知其父曾在交城卦山梦龙一事，便到卦山祭拜龙爪柏。交城县衙得知消息，马上将卦山山道两侧柏树都披红挂彩。武则天走后，留下龙爪柏旁的一株柏树上的彩球以作纪念，年久日深，便化作绣球永远留存，所以人称“绣球柏”。

国槐

上图这株国槐位于卦山风景区内(海拔930米)，树高20米，主干高7米，胸围357厘米，南北冠幅18米，东西冠幅14米，树龄约800年。

吉祥柏

吉祥柏生长于卦山书院牌楼下右侧，它树形奇特，根中有洞、洞中有根。细看：树和根合成一个吉祥的“吉”字，听卦山僧人讲：游人若能在这棵柏树下坐坐，就能逢凶化吉、一年通顺。相传唐代诗人李商隐在卦山游览时，曾经也在这棵树下坐过。

姐妹柏

姐妹柏位于卦山书院旁(海拔1000米)，树高7米，两树胸围均140厘米，树龄600年左右。

坎峰柏

坎峰柏位于卦山八卦的坎位(海拔1100米)，树高15米，胸围219厘米，东西冠幅8米，南北冠幅6米，树龄约1000年左右。

乾峰柏

乾峰柏位于卦山八卦的乾位(海拔1080米)，树高13米，胸围204厘米，东西冠幅7米，南北冠幅6米，树龄1000年左右。

罗汉柏

罗汉柏位于卦山坤位旁(海拔1020米)，树高 8米，胸围 251厘米，东西冠幅7米，南北冠幅 7米，树龄约1200年左右。

芙蓉柏

芙蓉柏位于卦山震位旁(海拔1060米)，树高7米，胸围188厘米，东西冠幅5米，南北冠幅5米，树龄800年左右，树形美丽，造型别具一格。

龙爪柏

龙爪柏位于卦山景区内(海拔914米)，树高17.5米，主干高2.5米，胸围339厘米，南北冠幅8米，东西冠幅10米，树龄约1500年。

传说在隋时，武则天之父武士彟隐居交山卖木，一日到卦山问道，睡卧其下，梦一巨龙西来，抓其升天，醒来一看，只见此柏树根如爪，其形似龙，故而名其为“龙爪柏”。

卦山奇柏

卦山奇柏

卦山奇柏

卦山奇柏

卦山奇柏

卦山奇柏

卦山奇柏

卦山奇柏

卦山奇柏

卦山奇柏

卦山奇柏

卦山奇柏

卦山奇柏

守良　画

肆 傲视苍穹

Aoshi cangqiong

保护古树名木　促进生态文明

凤凰松

会立乡张家庄村柳树底沿河下游河畔的西山坡上生长着一株油松(海拔1565米)，树高12米，主干高1米，胸围408厘米，南北冠幅10米，东西冠幅13米，生于明代。

这株油松形似一只“凤凰”站在翠绿的丛林中翘首观望，真是：

羽翼展翅向天翘，
昂首傲视群山凹。
天地人间难寻找，
宇宙万物妙！妙！妙！

杜松

杜松刺柏属（刚桧、崩松、棒儿松）灌木或小乔木，树冠塔形或圆柱形，小枝下垂，叶条形，先端锐尖，上面凹下成深槽带白粉，喜光，产东北、华北各地，是庭园的观赏树。

中卷杜松

东坡底乡西葫芦中卷村南山坡上(海拔2200米)，长有连片的杜松，其中一株树高10米，胸围140厘米，南北冠幅2米，东西冠幅2米，树龄约50年。

白皮松

上图的白皮松位于岭底乡王山岭村(海拔1136米)，树高16米，主干高1.5米，胸围204厘米，南北冠幅10米，东西冠幅10米，树龄约800年。

这株白皮松，二级枝以上分两大枝，高昂挺拔，翠绿苍天，十分壮观。

大鹏松

岭底乡圪垛村范家峁申志家的祖坟地里生长的一株油松(海拔1102米)，树高5米，主干高4.6米，胸围125厘米，南北冠幅6米，东西冠幅11米，树龄约300年。从远处望树顶长有两大主枝，分别南北展开。一阴一阳像似一株“乾坤八卦”松，在近处看又像一只展翅飞翔的“大鹏”，也称“大鹏松”。

远看大鹏近是松，双翼展翅立山中。
奇特树型神工造，南阴北阳架乾坤。

“天”字松

会立乡寨则村青阳山顶生长着一棵油松(海拔1395米)，树高15米，主干高1.5米，胸围210厘米，南北冠幅12米，东西冠幅12米，树龄约500年。

在会立乡寨则村子的北坡上有四大山峰，每个峰上都有树，每株树都像一个字。第一座山峰叫“堡上梁”，生长的一株叫“天”。第二座山峰叫“塔儿梁”，生长的一株叫“下”。第三座叫“二郎山”，生长的一株叫“太”。第四座叫“青阳山”，生长的一株叫“平”。四座山树合起叫“天下太平”。现在“太平”两株树已无踪迹，“下”字也枯死，现仅存“天”字，长势旺盛。

寨则村北四顶峰，每座梁上松树生。
婆态婆娑显真情，天下太平五谷丰。

天鹅松

会立乡小柏沟村生长的四株白皮松(海拔1413米)，其中一株树高19.6米，主干高5米，胸围113厘米，南北冠幅4米，东西冠幅4米，树龄约200年。

这四株白皮松树身雪白，亭亭玉立，就像四只“白天鹅”守护在村口，所以当地人称“天鹅松”。

结义松

会立乡西落沟村西北山坡上生长着一株油松(海拔1026米)，树高7米，主干高2.5米，胸围188厘米，南北冠幅15米，东西冠幅12米，树龄约300年。它主干粗壮有力，根深蒂固，树顶有三大树团聚在一起，象征三国时的刘关张，村民称“桃园三结义”。

旌旗松

旌旗松位于东坡底乡胡家沟村(海拔1624米)，树高16.5米，主干高11米，胸围204厘米，南北冠幅13米，东西冠幅8米，树龄约800年。远看像一面迎风飘动的巨型彩旗，故称旌旗松。

金盔银甲显威风，枝叶翠绿赛钢针。

烈日严寒都不怕，任尔东南西北风。

白龙松

东坡底乡兑久村东南山坡生长的一株油松(海拔1502米)，树高16米，主干高7.5米，胸围204厘米，南北冠幅15米，东西冠幅12米，树龄约500年。

这株油松挺拔屹立，雄伟壮观，树旁原有座庙宇叫“白龙庙”，所以村民们也称“白龙松”。

迎客松

图中的“迎客松”位于水峪贯西孟村崔家坟地旁(海拔1300米)，树高18米，胸围250厘米，主干高5米，东西冠幅26米，南北冠幅25米，树龄约600余年。

这株“迎客松”苍劲奇秀、俊俏多姿、雍容潇洒、美不胜收。那层层的松枝就像千手观音的手臂一样，潇洒自如，那茂密的松针叶好像一把遮天盖地的大松伞，主干的皮纹清晰明朗，就像是镶嵌的红宝石颗颗发亮，显的十分美丽。

展臂八方迎宾朋，
力拔山河腾蛟龙。
绿叶四季青常在，
沧桑千古放异彩。

迎客松

门神松

东坡底乡钟家沟村生长的两株油松(海拔1549米)，树高13米，主干高4米，胸围131厘米，南北冠幅8米，东西冠幅7米，树龄约240年。

这两株油松长势独特，树梢相连，一左一右，好像一座绿色大门，又似门神一般守卫在山门外，因而当地人称“门神”松。

王母松

王母松位于东坡底乡杜里会村，树高8.5米，主干高3米，胸围188厘米，南北冠幅12米，东西冠幅13米，树龄约300年。

这株油松，它长势旺盛。据村民们讲：该村原有座庙宇叫“娘娘庙”，座落于寺山上，山巅青松环绕，十分壮观。有一天突然发现山顶上的“娘娘庙”不见了，惊诧之际，又见半山腰里多了一座庙，与原来的一模一样。说话间已到喂牲畜的时辰，打开圈一看，发现牛背上沾满了瓦屑灰尘，大汗淋漓。此时忽听牛开口说：“王母…………”原来是王母娘娘驱赶牛羊将庙宇搬到半山腰。

龙爪槐

图中的龙爪槐位于水峪贯镇张家庄槐树坡(海拔1200米)，树高15米，胸围400厘米，东西冠幅19米，南北冠幅15米，树龄约1000年左右。

它树冠如伞，姿态优美，枝条自然扭曲，树连根、根缠树，龙身缠凤尾，凤翎戏龙身，龙爪深抓地，凤脚喜登枝，真是古人留给我们的一幅美丽画卷。

龙爪槐

麝香槐

麝香槐位于水峪贯碾只山槐树圪塔(海拔1300米)，树高15米，胸围270厘米，南北冠幅25米，主干高2.5米，树龄约600年。

据村民讲：在20世纪70年代时有两个青年拿斧头把大树砍了两斧头，立即从树身上流出了鲜红的血水。以后，当地人将此树供为神树加以保护。因树干上方形似麝香，亦称“麝香槐”。

麝香槐

窑头槐

窑头槐位于洪相乡裴家山村(海拔1390米)，树高15米，主干高2米，胸围408厘米，南北冠幅12米，东西冠幅10米，树龄约800年左右。因生长在窑洞顶部，当地人称“窑头槐”。

进财槐

进财槐位于会立乡寨则村后的北坡上(海拔1420米)，树高19.5米，主干高3米，胸围282厘米，南北冠幅25米，东西冠幅20米，树龄约800年左右。

这株国槐生长在寨则村后的北坡上，原先在寨则村的南面长有一株大榆树。当地人有种乡俗，村前种榆树，村后种槐树，这叫“前榆后槐，四路进财”。

龙王槐

岭底乡山庄头村槐树底西北方向生长的一株国槐(海拔1420米)，树高18米，主干高2.2米，胸围235厘米，南北冠幅75.5米，东西冠幅15米，树龄约500年左右。

这株国槐，二级枝以上分四大主枝，在分枝的一个小窝里又长有一团小草，看上去十分美丽，在路旁平放的一块石碑上面记载着“大清龙飞嘉庆庚午年”，据说该地原建有一座龙王庙，现庙痕迹全无，而槐树依然昂首挺立。

塔上槐

西社镇塔上村生长的一株国槐(海拔910米)，树高21米，主干高2.5米，胸围430厘米，南北冠幅11米，东西冠幅15米，树龄约900年左右。

半坡槐

半坡槐位于西社镇高家岭村(海拔1166米)，树高12.5米，主干高3.8米，胸围251厘米，南北冠幅12米，东西冠幅10米，树龄约600年左右。因长在半山坡上，故人称“半坡槐”。

高家岭国槐

左图中的国槐位于西社镇高家岭村(海拔1160米)，树高31米，主干高3.8米，胸围345厘米，南北冠幅15米，东西冠幅16米，树龄约800年左右。

龙门石佛

王山槐

王山槐位于岭底乡王山岭村庄稼地(海拔1130米)，二级枝以上分七大主枝，树高15米，主干高2米，胸围254厘米，南北冠幅13米，东西冠幅13米，树龄约600年。

真武槐

真武槐位于岭底乡真武爷沟，二级枝以上分三大主枝，树高15米，主干高2米，胸围257厘米，南北冠幅14米，东西冠幅15米，树龄约600年。

天伞松

东坡底乡王家沟村生长的一株油松(海拔1570米)，树高14.5米，主干高3米，胸围220厘米，南北冠幅15米，东西冠幅15米，树龄约600年左右。

这株油松主干以上分两大主枝，树形潇洒飘逸，遮阴避雨，枝繁叶茂，犹如天伞一般。

丝裙柳

会立乡窑儿头村长有一株白柳(海拔1453米)，树高8米，主干高1.5米，胸围314厘米，南北冠幅10米，东西冠幅7米，树龄约180年左右。这株生长在河畔边的柳树，长势旺盛，树叶蓬松，树身扭曲，看上去像似美女的丝裙被风吹得旋转起来，真可谓『溪水潺潺流，少女漂漂冉』。

穿天柳

庞泉沟镇长立村公路旁生长的一株柳树(海拔1699米)，树高25米，主干高8米，胸围314厘米，南北冠幅8米，东西冠幅10米，树龄约160年左右。

龙角榆

龙角榆位于会立乡双家寨村龙王山(海拔1291米)，树高12.5米，主干高2.8米，胸围172厘米，南北冠幅8米，东西冠幅9米，树龄约300年。

据村民们讲：该村座落在龙背上，村口上方长有两株榆树，形似两只龙角，所以人称“龙角榆”。一株已被侵华日军进山时砍伐，现仅存一株。

旱柳

会立乡小柏沟村西河滩内海拔1200米处生长的一株旱柳，树高8米，胸围330厘米，树龄在260年左右。

小叶河杨

庞泉沟镇后坪村生长的两株小叶河杨(海拔2119米)，其中一株树高25米，胸围879厘米，南北冠幅15米，东西冠幅18米，树龄约800年。

五指榆

五指榆位于东坡底乡冯家庄村井口旁(海拔1277米)，树高30米，主干高4米，胸围342厘米，南北冠幅17米，东西冠幅18米，树龄约800年左右。

这株榆树，主干5米以上分五枝，人称“五指榆”，树旁有眼井，井侧原有座娘娘庙。这口井和庙统称“井神娘娘庙”，此井至今村民们一直在使用，井水清澈见底，井水爽口，甘甜。据村民讲：井水很神奇可治愈“粗脖子”等病症。

向阳榆

东坡底乡向阳村外长有一株榆树(海拔1539米)，树高15米，主干高2.7米，胸围235厘米，南北冠幅16米，东西冠幅12米，树龄约300年左右。

花楸树

上图的花楸树位于水峪贯镇丁西北头红岩卯上(海拔1400米)，树高5米，胸围300厘米，树的中心已被雷劈烧焦，但是树皮外的十几枝嫩芽还在顽强地活着，树龄约500年左右。

花楸树

柏林村生长的一株“楸树”(海拔1003米)，树高13米，主干高3.5米，胸围119厘米，南北冠幅6米，东西冠幅5米，树龄约80年左右。

月亮桑

水峪贯镇桃坡村的一株桑梓树，树高5米，胸围150厘米，树龄约200年，形似一道弯弯月亮，历尽沧桑，伤痕累累，依然顽强生长。

核桃树

柏林村生长的一株核桃树(海拔1084米)，树高17米，主干高1米，胸围254厘米，南北冠幅15米，东西冠幅15米，树龄约120年。

章鱼桑

水峪贯镇树则村庙儿底(海拔1481米)长有一株桑树，树高7.7米，胸围550厘米，东西冠幅16米，南北冠幅13米，树龄约500年。这株桑树它主树身高大凸起，树枝柔软伸向四周，就像是生长在大自然中的一只庞大的章鱼，人称“章鱼桑”。

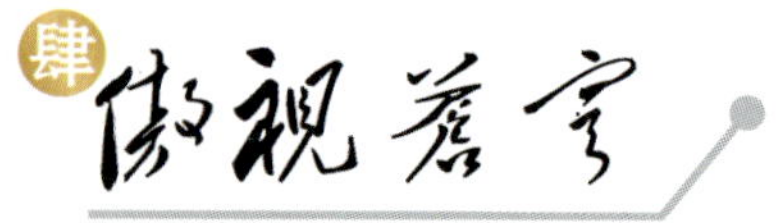

女娲桑

女娲桑位于水峪贯镇树则村庙儿底(海拔1481米)，树高4.5米，胸围120厘米，东西冠幅5米，南北冠幅6米，树龄约100年，由于这株桑树它自身相互扭曲，棱纹显著，好像神话中传说女娲补天中的人面蛇神，故称“女娲桑”。

小柏沟头像崖

奋发向上

万年松

会立乡小柏沟村有座万年山，在海拔1800米处生长的一株松树叫“万年松”，树高20米，东西冠幅16米，南北冠幅16米，树龄在300年左右，它生长旺盛，两大主枝直入云霄。

万年松

五角枫

会立乡小柏沟村，海拔1200米处生长的一株五角枫，树高10米，胸围145厘米，东西冠幅10米，南北冠幅8米，树龄80年左右。

山梨树

会立乡小柏沟宝上，海拔1400米处生长的一株山梨树，树高12米，胸围190厘米，东西冠幅8米，南北冠幅8米，树龄150年左右。

油松古树群

油松古树主要分布在会立乡、庞泉沟镇、东坡底乡境内天然次生林中，树龄在100–500年之间，数量约1000余株。

石龟守松

后记

世博盛典，古木逢春，繁花似锦，择此良辰，《交城珍稀古树》一书出版了。

在交城县委、交城县政府领导的关怀和支持下，交城县林业部门相关人员历经两年多的努力，跑遍了全县10个乡镇70多个村庄，行程1000多公里，对我县境内的珍稀古树进行了实地调查、建档、立册，并经过严格把关，精心编排，将有代表性的古树名木30种173株收集于本书。由于时间急促、篇幅所限，我县六大古树群只能简要概述，蕴藏在我县深山密林中的部分古树名木也未能逐一刊载，有待今后加以补充。同时也热诚欢迎各界有识之士积极参与，以期达到更加真实反映交城古树神韵之目的。

本书编制过程中，得到了山西省、吕梁市林业部门的大力支持，原交城县委书记张亥生、县长闫刚平曾多次给予关注和指导，社会各界知名人士、书画家也给予鼎力相助。在此，一并表示衷心的感谢！

编者

2010年6月

图书在版编目（CIP）数据

交城珍稀古树/燕建平主编.--太原：山西人民出版社，2010.7

ISBN 978-7-203-06867-9

Ⅰ.①交… Ⅱ.①燕… Ⅲ.①树木—简介—交城县 Ⅳ.①K928.73

中国版本图书馆CIP数据核字（2010）第117975号

交城珍稀古树

主　　编：燕建平
责任编辑：武卫

出 版 者：山西出版集团·山西人民出版社
地　　址：太原市建设南路21号
邮　　编：030012
发行营销：0351-4922220　4955996　4956039
　　　　　0351-4922127（传真）　4956038（邮购）
E-mail：sxskcb@163.com　发行部
　　　　sxskcb@126.com　总编室
网　　址：www.sxskcb.com

经 销 者：山西出版集团·山西人民出版社
承 印 者：山西百花印刷有限公司

开　　本：787mm×1092mm　1/16
印　　张：14.75
字　　数：220 千字
印　　数：1-3000 册
版　　次：2010年7月　第1版
印　　次：2010年7月　第1次印刷
书　　号：ISBN　978-7-203-06867-9
定　　价：298.00元